AF475743

O. DE LA BOURDONNAYE

Lieutenant au 4e Cuirassiers

Le Moral algérien dans le Bled oranais

BIBLIOTHÈQUE NATIONALE R.F. IMPRIMÉS

8° Lk8 2113

HENRI CHARLES-LAVAUZELLE, Éditeur

PARIS, 10, Rue Danton, Boulevard Saint-Germain, 11

Le Moral algérien

DANS LE BLED ORANAIS

BIBLIOTHÈQUE NATIONALE R.F. IMPRIMÉS

8° Lk8 2113

DU MÊME AUTEUR :

Dans le Bled. Esquisses algériennes.

Volume broché in-4° (1904)..... **2 50**

Lieutenant O. de la BOURDONNAYE

LE MORAL ALGÉRIEN

DANS LE BLED ORANAIS

BIBLIOTHÈQUE NATIONALE R.F. IMPRIMÉS

Ton fils et ton esclave se guideront sur la fortune.

(Proverbe arabe.)

DÉPOT LÉGAL
HAUTE-VIEN
N° 28
1908

PARIS
HENRI CHARLES-LAVAUZELLE
Éditeur militaire
10, Rue Danton, Boulevard Saint-Germain, 118

(MÊME MAISON A LIMOGES)

PROLOGUE

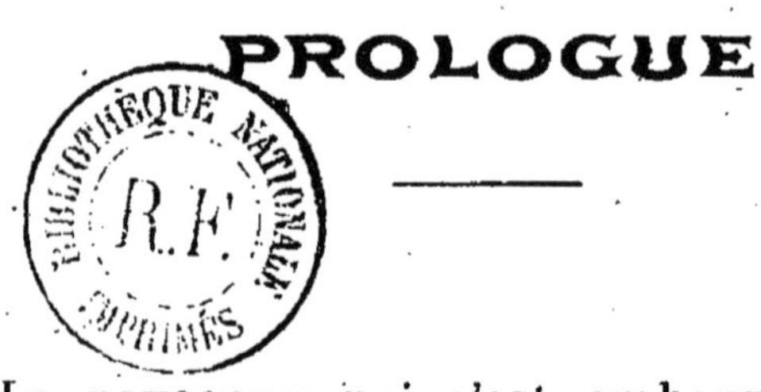

Le voyageur qui s'est embarqué à Marseille à destination d'Oran, un soir des premiers froids de la triste saison, s'est soigneusement emmitouflé dans un épais macfarlane et coiffé des yeux jusqu'à la nuque d'une casquette fourrée. La brise de mer est souvent assez forte pour que les embruns déferlent sur les navires dès la sortie du port, avant le château d'If et le phare du Planier. A peine a-t-on gagné le large que, dans le lointain du crépuscule, les feux de la grande ville se font plus menus.

Bientôt ils disparaissent et le paquebot glisse sur l'onde bleue, balancé en cadence par la houle des vagues, dont les reflets argentés se brisent contre ses parois. Le seul bruit des hélices rompt la monotonie silencieuse de l'horizon qui grandit. La cloche du bord retentit, conviant les passagers à se mettre à table. Le premier repas réunit d'habitude tous les hôtes du navire. Ceux que la mer effraie tiennent à honneur de figurer quand même, quitte à disparaître tout à l'heure entre deux services. Le Commandant donne le signal et chacun s'installe, guidé dans le choix de sa place par l'impression du moment. Ce choix a quelque importance ; de lui va naître la camaraderie du bord, faite à la fois du plaisir de voir le prochain livré aux mêmes dangers que soi, et de l'espoir de se montrer plus marin que lui.

Pendant quarante-huit heures on s'étudiera réciproquement, sans en avoir l'air. On se demandera des nouvelles, on se plaindra l'un l'autre, on se taquinera, on se méprisera peut-être, se croyant une nature plus solide, un plus fort goût pour les voyages, un amour plus grand de l'immensité. Par-dessus tout cela une pointe de vanité aiguisera les sentiments, fera mordre les lèvres, prêtant aussi parfois à de joyeux propos.

Le Commandant met tout le monde d'accord en racontant ses campagnes, grossissant ses aventures, profitant de la crédulité de ses voisins, s'amusant d'avance à l'idée que tout à l'heure, dans leurs étroites couchettes, ses auditeurs superposés s'agiteront fébrilement en proie à leur trop facile imagination. Celle-ci transformera en rêves affreux les récits qu'il leur distille avec son apparente simplicité de vieux loup de mer. Pendant ce temps, le bruit sourd des machines, à demi éteint par l'éloignement, bercera d'un grondement lugubre la promenade des passagers attardés sur le pont.

. . . .

. . . .

. . . .

Pour tous la nuit a été mauvaise; la mer très agitée est encore imposante au lever du jour. On aperçoit les côtes des Baléares, abruptes et dénudées, émergant tristement du sein des flots sans que la nature, pour les parer, se soit mise en peine d'aucun atour. En face d'Iviça s'élève Formentara, aux rivages en apparence moins abandonnés. Toute la journée le passager novice se reposera la vue en regardant ces lambeaux de roc tombés là par hasard des mains du Créateur, le jour où celui-ci fit sortir la terre du chaos. Il se croira moins isolé parce qu'il apercevra ces îles aux contours presque déserts, dont son esprit fantaisiste fera de gigantesques pylônes semblant attendre du génie des hommes une arche qui les réunisse au continent. Très tard dans la soirée, quand le navire glissera sans bruit sur les flots apaisés, le voyageur, avant de quitter la passerelle, pourra jeter encore un regard vers la tour lumineuse qui, du haut de Formentara, s'abaissera progressivement sur les eaux et paraîtra se réunir aux étoiles qui baignent à l'horizon.

Le lendemain, de bonne heure, chacun se précipite sur le pont, la côte d'Afrique s'élève au loin. C'est la rade de Mers-el-Kébir, qui abriterait plusieurs escadres; puis, au fond d'une crique plus modeste, Oran avec son amphithéâtre de maisons blanchies à la chaux, qui semblent bâties à pic sur la mer, éclairées par les rayons les plus crus du soleil algérien.

Le Moral algérien

DANS LE BLED ORANAIS

LA VIE SOCIALE

L'Indigène.

L'Algérie est, dans l'idée de beaucoup de Français, le pays du soleil, des houris, de la vie facile et des chasses fantastiques. Cette opinion touche à la légende. Alger et quelques autres villes du littoral jouissent d'un climat exceptionnel durant notre saison froide ; mais ailleurs le soleil ne craint pas de bouder pendant l'hiver avant de griller les jours de l'été. Les houris ne sont pas celles que Mahomet promet à ses adeptes. La vie, pour être facile, est parfois monotone; et l'histoire ne peut enregistrer les exploits de Tartarin. Les lions ont disparu, la civilisation les a fait se réfugier dans les ménageries; l'Atlas est à jamais privé de ces braves. L'Algérie d'aujourd'hui n'est plus celle que connurent Lamoricière et Yousouf, le général Margueritte et le colonel Pein; mais elle a conservé des reflets de sa primitive originalité : cela suffit pour la faire aimer et la faire regretter.

Le Français, si peu migrateur, la considère comme une contrée lointaine, sinon inconnue, du moins peu appréciée. Pour certains elle est un fantôme, pour d'autres un lieu de passage forcé, pour beaucoup une terre d'exil. Et cependant c'est une terre française que l'on ne connaît pas assez pour en parler avec tant d'acrimonie. Un autre courant d'opinion rachète heureusement ce qu'il y a d'excessif dans ces idées. Les gens dépourvus de parti pris voient clair en jugeant l'Algérie un pays encore neuf, où des régions se sont développées très rapidement à côté d'autres encore pour longtemps délaissées. Elle constitue un territoire où la colonisation peut s'exercer avec fruit et répandre favorablement notre influence dans l'Afrique du Nord.

On a divisé les colonies en colonies de peuplement et en colonies d'exploitation. Sous quelle rubrique celle qui nous occupe peut-elle se ranger? La réponse est délicate. Il existe en Algérie trois éléments européens : le Français, l'Espagnol et l'Italien. Ces derniers fournissent avec l'Arabe la majeure partie de la main-d'œuvre dans l'exploitation du sol. Le Juif, cet agent indispensable des affaires, y exerce aussi son avarice et sa rapacité. Il met à profit sa passion du commerce, se glisse, accapare et, rarement battu, souvent victorieux, finit généralement par s'enrichir. Au milieu de ces individus disparates la race autochtone, le Berbère, avec lequel s'est fondu l'Arabe envahisseur, flotte comme transportée malgré elle au cours des événements et des spéculations.

L'époque où les premiers colons abordèrent la terre d'Algérie n'est pas si éloignée pour que le souvenir en soit effacé des esprits. Les familles les plus prospères, les domaines les plus importants étaient, il y a quelque vingt ou trente années, à l'état embryonnaire. On vit de bons et mauvais colons ; d'honnêtes et de peu scrupuleux. Les méchantes langues parlent surtout de ces derniers, heureuses de citer tel ou tel dont le père ou la tante amassait des douros en prêtant à la petite semaine. Les brebis galeuses existent dans tous les troupeaux. Celui des colons algériens n'est pas à l'abri de tout reproche, même aujourd'hui. Il ne faut pas cependant généraliser. La cause de ces excès est double : la misère du Bédouin et l'absence, en beaucoup d'endroits, de la propriété individuelle.

Le « mesquine » emprunte facilement, promet ce que l'on veut, ne tient pas, emprunte de nouveau en promettant encore, finalement paye en terres ce qu'il ne peut rendre en nature. Ailleurs il préfère laisser son champ en friches : ce champ qui fait partie de la propriété collective du douar. Mais à côté le colon veille, qui possède une terre soigneusement cultivée. Un beau matin sa charrue laborieuse franchit son habituel sillon, le soc va s'égarer chez le voisin... ; lorsque celui-ci s'en apercevra, il sera trop tard, le sol aura fructifié. Si l'indigène réclame, il lui sera donné tort. Les tribunaux eux-mêmes, en raison de l'absence de titres, le débouteront de sa demande. Des événements récents, dont Saïda fut le théâtre, en fourniraient la preuve.

Chacun connaît la division géographique de l'Algérie et le régime de son gouvernement : sa vie sociale, sa vie militaire, son existence mondiale sont peut-être plus ignorées.

***

Le Berbère de la plaine, le Kabyle de la montagne, l'Arabe venu de l'Est et le Couloughli issu de Turc et d'Arabe constituent l'élément indigène communément désigné sous le nom d'Arabe. En réalité, si l'on met à part le Kabyle, la population se divise en deux classes : l'Arabe des villes, devenu à peu près sédentaire, et celui du Bled, resté fidèle à son douar, gardien nomade de ses troupeaux errants. Mais qu'il habite sous la tente ou dans une maison blanchie à la chaux, il ne connaîtra pas davantage le luxe de notre confort moderne. Ses vêtements habituels ne le feront pas remarquer. Cependant, qu'une cérémonie ait lieu, les burnous de soie blanche et de coton bleu seront sortis des coffres séculaires ; le « cheche » sera ceint d'une corde neuve en poil de chameau ; des mestres brodés d'or chausseront les jambes brûlées par le soleil; les chevaux étiques et mal pansés seront recouverts de housses aux paillettes étincelantes; et des mors gigantesques pendront après des brides incrustées de lamelles d'or. Là réside la richesse de l'Arabe, là et dans ses douros; douros qu'il noue dans un morceau de vieux linge ou d'étoffe, à défaut de la zaboula en filali qui lui tient lieu de porte-monnaie. La civilisation ne l'a point ému. Il la dédaigne, ne la jugeant pas nécessaire à son bonheur. Ce qui le frappe est le pouvoir de nos médecins pour guérir, à l'encontre des charlatans, ses coreligionnaires, distributeurs d'orviétan ou de philtres aphrodisiaques. Ainsi le vaccin jouit d'une très grande faveur.

Le nomade du Tell, moins errant que celui des Hauts Plateaux ou du Sud, est moins imprégné d'esprit féodal. L'autre est plus militaire et les bureaux arabes qui administrent le territoire ne peuvent que l'entretenir dans cette voie. Celui-là cultive son champ ou travaille au service du colon. Suivant sa fortune il possède quelque bétail. Dans le Sud les animaux sont sa seule ressource. Il échange la laine de ses moutons contre de l'orge et des objets de première nécessité. Il économise précieusement les douros en surplus. Le douro est la monnaie courante : c'est notre pièce de cent sous appelée ainsi par analogie avec la pièce espagnole. L'argent exerce une grande puissance sur ce peuple en haillons et rend l'indigène presque aussi cupide que le Juif. Toutefois son avarice n'est pas incompatible avec une certaine largesse dans les occasions solennelles. Ce qui se donne d'une main rapporte parfois de l'autre; mais ceci n'est point le monopole de l'Arabe.

L'homme des villes et le Coulougli vivent côte à côte. Le premier est généralement homme de peine, maraîcher ou petit fermier; le second, commerçant, trafique et s'enrichit. Celui-là, doué d'une énergie féroce, fournit un travail opiniâtre que rien ne lasse. Celui-ci, plus indolent, engraisse derrière le comptoir où il débite lainages et soieries. La broderie et le tissage réunissent ces deux types dans les mêmes ateliers d'où sortent des merveilles du goût oriental.

Un des effets de la civilisation sur l'Arabe du Tell a été de lui donner le goût du fonctionnarisme. Ce n'est point par amour de l'autorité civile. Il hait celle-ci d'instinct comme représentant la sanction permanente de la bureaucratie qui l'enserre, lui, l'ancien conquérant du désert et, après tout, le maître de céans. Non, la noblesse du vaincu est de maudire son vainqueur ; mais l'Arabe, tout en acceptant la destinée, n'en a pas moins gardé un vieux fonds d'esprit féodal. Il aime commander.

Le burnous bleu, marque de distinction des employés subalternes, et le burnous rouge, signe d'investiture des grands chefs, ont pour lui beaucoup d'attrait. Ils lui inspirent confiance et fidélité. L'Arabe a l'âme simple et la foi naïve; c'est un grand enfant qu'on amuse avec des hochets. Les modestes attributions de chaouch ou de krodja (1) flattent son amour-propre. Qu'une tenue spéciale rehausse son prestige, il n'en est que plus fier et plus redouté. Et pourtant, contraste bizarre, il se passionne pour des emplois dont il bénirait la suppression si celle-ci coïncidait avec un bouleversement général. Bref, il aime le panache, ne lui en voulons pas. Ce qui brille, ce qui le distingue, ce qui le tire de la glèbe lui est sensible, on ne saurait l'en blâmer. Le panache n'est-il pas la représentation matérielle de l'idéal, et l'absence de l'un ne fera que précipiter l'autre dans l'oubli.

Le Juif, en dehors du métier qui le consacre, exerce souvent, dans des échoppes, l'art de la bijouterie mauresque et kabyle; ou,

(1) Chaouch, personnage qui tient du gardien, du portier et de l'estafette; krodja, secrétaire.

plus modeste, se contente de découper du zinc, puis d'en souder les morceaux pour en faire des ustensiles de ménage. S'il est riche, il sera marchand de grains ou d'étoffes.

Qui n'a pas franchi la Méditerranée ne se fait aucune idée du Juif algérien : un être bien sordide sous le ciel d'Afrique. Il porte le turban ou la casquette de soie plate à visière courte et verticale, la lévite ornée de brandebourgs, le sarouel indigène, des bas de couleur beige et des souliers élastiques. Son habit est un accoutrement. Le personnage qui le revêt possède en outre une patine spéciale que lui donne la couleur de son teint et souvent celle de sa barbe. Les femmes ont la mantille sur leurs cheveux noirs et crépus, et le châle d'un cachemire vrai ou faux sur leurs épaules tombantes. Si leur condition le permet, elles ont des robes de soie noire à longue traîne, ce qui s'accorde mal avec le port des sandales où reposent leurs pieds nus.

Il existe une seconde espèce de Juif et de

qualité inférieure : celle de la dernière génération qui, renonçant au costume ancestral, a voulu copier l'Européen et porte aujourd'hui le complet moderne. Ces jeunes dandys israélites n'y mettent aucun chic et le corset parisien ne fait point valoir ces demoiselles aux hanches mal conformées.

On parle souvent de la beauté des jeunes filles arabes ou juives. Les unes et les autres, à l'âge de la puberté, possèdent du charme. Mais la fraîcheur du teint, l'aspect séduisant des formes, l'harmonie de l'ensemble disparaissent précocement. Le velouté de la chair fait place à une couleur ivoirine que les rides sillonnent avant l'âge. A vingt ans, les femmes sont à demi fanées; à trente, elles ressemblent à des vieilles. Le dur métier qui leur échoit hâte cette décrépitude. A moitié bête de somme, en tout cas confinée dans les soins domestiques, la femme vit dans un éternel labeur et ne connaît guère que la souffrance.

Les enfants sont nombreux, et si beaucoup meurent avant d'atteindre l'âge mûr, les autres poussent comme l'herbe des champs. Dans les douars ils vivent au hasard du soleil et des vents, ne profitant de notre présence que pour mendier et poursuivre le voyageur de leurs cris aigus : « Atini soldi ». Dans les villes, une partie fréquente les écoles arabes-françaises; l'autre végète au milieu des femmes qui vaquent aux nécessités du ménage ou joue le long des murs, dans les ruelles étroites qui séparent les demeures des parents. Une amélioration réelle pourra résulter de la fondation de ces écoles qui mettront en contact les jeunes Arabes et les Européens. Plusieurs fonctionnent déjà, où des professeurs français et des maîtres indigènes, parlant notre langue, instruisent d'après les méthodes en usage dans nos établissements primaires.

L'absence de classe moyenne nuit au développement de la civilisation.

L'Arabe est très pauvre ou très riche; il ne connaît pas l'*aurea mediocritas*. Nombreux sont les « mesquines » traînant des jours misérables pour satisfaire aux besoins de la vie. Les riches ne possèdent de leur côté aucun génie des affaires et sont contraints de choisir pour leurs trafics des intermédiaires européens ou juifs. Inutile d'ajouter que l'Arabe gagnerait à traiter directement; mais, par méfiance, par manque d'habitude, ou par éloignement des communications, il préfère s'adresser à quelqu'un qui le paie comptant, quitte à donner à sa marchandise une valeur plus faible.

L'assimilation de l'indigène se fera-t-elle, et sommes-nous éloignés du jour où il traitera de pair avec l'Européen. La divulgation de nos idées s'opère principalement chez le Coulougli, car l'Arabe reste notoirement hostile à leur acceptation. Celui-là est rompu aux affaires, et la légère instruction qui le distingue de son frère de sang lui permet de nous fréquenter davantage; par suite, de s'habituer à notre contact et de s'assimiler nos mœurs. Il ne faut pas juger les Coulouglis d'après les peu intéressants personnages qui viennent en France porteurs de peaux de renards ou de chacals, d'hyènes ou de panthères. Ceux-ci ne sont généralement que des échappés de la casbah et ont fui momentanément Alger pour tenter fortune ailleurs. La plupart reviennent dépités, quelques-uns réussissent à faire des gogos ou montent pour peu de temps des déballages orientaux. Aujourd'hui les étoffes d'Algérie et du Levant se fabriquent également en Europe. Seuls certains articles demeurent autochtones, parce que leur trafic n'est pas suffisamment rémunérateur.

Une catégorie d'indigènes possède cependant un niveau intellectuel plus développé : elle comprend les jeunes gens et les adultes élèves ou anciens élèves des médersas. Ces écoles sont, pour l'élément indigène, un organe de civilisation. Elles gagnent à notre cause les étudiants des zaouïas (1), imbus de la lecture du Coran. L'enseignement religieux constitue tout le code civil musulman ; le livre de Mahomet prêche la guerre à l'étranger : la guerre sainte. Si nous voulons répandre nos idées dans la vie sociale du peuple conquis, il n'est pas inutile de former nous-mêmes les candidats aux emplois publics indigènes. Tout en respectant leur vie religieuse, il est bon de donner à leur instruction le cachet de nos méthodes, sinon la tournure de notre pensée. Car les principes français ne pourront jamais détruire la routine de leur esprit. En passant par nos mains, les futurs fonctionnaires du culte musulman, de la justice et de l'instruction publique musulmanes auront reçu une légère empreinte de notre progrès intellectuel. La création des

(1) Confréries religieuses indigènes.

médersas actuelles n'est que la reconstitution des anciennes médersas antérieures à notre conquête. Les études françaises y sont enseignées en même temps que les études musulmanes. La direction des cours est confiée à des maîtres français diplômés de l'Ecole des langues orientales et à des maîtres indigènes spécialement choisis, parfois d'anciens élèves des médersas. L'admission est le résultat d'un concours ; les élèves doivent avoir quinze ans au moins et vingt ans au plus et être pourvus du certificat d'études primaires. Le régime de l'école est l'externat, qui dure quatre années. Quelques auditeurs libres augmentent le nombre des étudiants réguliers. Aucun titre ne leur est réclamé et leur âge avancé ne peut être un obstacle à leur agrément. On exige seulement d'eux l'assiduité. D'aucuns abandonnent les cours avant leur achèvement par insouciance, par découragement ou par misère.

Les matières enseignées relèvent de l'enseignement primaire pour les connaissances générales et de l'enseignement supérieur pour le droit et la théologie. La langue française, l'histoire, la géographie, le calcul arithmétique, la littérature arabe, l'instruction musulmane sont autant de matières professées selon les années d'étude. On y ajoute des éléments d'hygiène et des connaissances succinctes sur les sciences physiques et naturelles. Il y a quelques années, l'aimable directeur de la médersa de Tlemcen me faisait lire des rédactions de ses élèves. Je remarquai, non sans étonnement, leur ardente imagination, leur style rempli de couleur locale, l'emploi fréquent du parfait défini qui donne aux phrases quelque chose de vague et de nuageux. A côté de ce programme, des conférences sont faites sur le droit français et sur le droit musulman. Les dogmes de l'Islam, les pratiques rituelles, les sources de la religion sont expliqués avec toute l'orthodoxie du Coran. Le droit musulman est interprété avec un grand soin, de façon à le rendre familier aux élèves. Ceux-ci pourront alors l'appliquer plus tard avec discernement. La législation algérienne est naturellement étudiée. A la fin de chaque année d'études, les élèves réguliers subissent un examen de passage et après quatre ans des examens de sortie. Le diplôme permet, à ceux qui le reçoivent, d'occuper les emplois de taleb dans les écoles arabes-françaises ou dans les écoles annexes des mosquées; d'adel ou de cadi dans la justice indigène; de muphti, d'iman, ou de muezzin dans les mosquées. Les plus modestes deviennent khodjas ou secrétaires de mairie dans les communes mixtes. Les étudiants reconnus les meilleurs sont admis à suivre, pendant deux années, des cours supérieurs à la médersa d'Alger, où ils forment une division spéciale.

Les médersas sont au nombre de trois : une à Alger, une à Tlemcen, une à Constantine. Celle de Tlemcen possède en moyenne quarante auditeurs qui, jusqu'en 1905, s'assemblaient dans une vieille bâtisse dont l'état misérable avait fini par émouvoir le gouvernement général. Celui-ci décida la construction d'un édifice qui fut inauguré cette même année. C'est un vaste cube de maçonnerie, dont la façade de style mauresque est le digne décor de ce sanctuaire de la science, et fait honneur aux éminents professeurs trop longtemps relégués dans une masure à laquelle conduisait une ruelle souvent malpropre. Aujourd'hui directeurs et professeurs ont le légitime orgueil de travailler dans un cadre mieux approprié à leurs études. Puissent leurs leçons porter les fruits qu'elles méritent et faire aimer davantage notre civilisation dans la mesure où celle-ci peut et doit s'adapter aux indigènes.

Le Civil

Le civil algérien est de diverses sortes : colon proprement dit, négociant, industriel, fonctionnaire. Possède-t-il une mentalité spéciale? Retrouvons-nous chez lui l'esprit de nos paysans français, l'activité de nos commerçants et de nos gens d'affaires ; avons-nous dans les fonctionnaires algériens des hommes éclairés sur leurs devoirs et capables dans leurs emplois ?

Le colon proprement dit est gros cultivateur ou petit fermier. Le premier, souvent peu aimé des indigènes à son service, est parfois détesté de ceux qu'il n'emploie pas et qui sont ses voisins.

L'autre, plus modeste, est mieux vu des

Arabes qui l'abordent plus facilement. Son caractère moins hautain, sa situation moins enviée le rapprochent de l'indigène. Celui-ci ne le hait pas comme il abhorre le riche, parce qu'il voit en lui un camarade de souffrance.

Malgré tout, petits et grands n'ont pour l'Arabe qu'une confiance très limitée ; l'indigène est trop souvent à l'affût de la rapine et du vol. D'aucuns en font une véritable industrie : au moment des récoltes et de la vendange, ils profitent de la nuit pour exercer un prélèvement illicite qu'ils paient quelquefois de leur vie. Le colon ne peut les mettre en fuite avec des épouvantails à moineaux. Les chiens de garde ne sont pas suffisants ; il faut faire parler la poudre et pleuvoir le plomb. La propriété individuelle se défend à coups de fusil. Les colons sont reconnus bons ou mauvais tireurs ; les maraudeurs prennent leurs précautions en conséquence. Il ne faut pourtant pas traiter de voleur tout le peuple conquis, il pourrait peut-être nous retourner le compliment. Mais l'expérience prouve assez que le vol a de nombreux adeptes chez les musulmans ; le Coran ne leur commande-t-il pas de nuire au roumi ? Aucun obstacle n'arrête le rusé voleur. Il perce les murs et passe dans l'ouverture un bâton recouvert d'un burnous qui donnera au guetteur, s'il en existe, l'illusion d'un corps humain. Le champ est libre s'il est silencieux ; dès lors l'opération ne traîne pas. Les chiens peuvent aboyer aux alentours, leurs cris se mêlent à ceux des chacals qui cherchent pâture aux abords des lieux habités et les propriétaires n'attachent pas d'importance à tous leurs cris. Cependant les gros éleveurs de bétail, les courtiers qui assurent l'acheminement vers la côte de troupeaux importants n'abandonnent jamais la surveillance de leur bien. Ils ne manquent pas les trop audacieux biccos qui viennent nuitamment explorer leurs bergeries.

Naturellement des vengeances s'ensuivent,

et si l'on s'étonne un jour d'apprendre l'assassinat d'un colon, on ne songe pas aux fureurs suscitées par le malheureux pendant sa vie.

L'Oranie est plus fréquemment que les autres provinces le théâtre de semblables forfaits ; la frontière du Maroc offre un abri sûr aux criminels. Le fameux traité de 1845 que signa Bugeaud ne contient point d'article relatif à l'extradition. Le célèbre maréchal ne pensait pas à la fourberie de ses adversaires. Si notre domination avait alors été plus largement assise par la possession des plaines que baigne la Moulouya, Oudjda ne serait pas aujourd'hui le refuge des Arabes qui ont eu maille à partir avec notre administration.

Le colon n'a jamais traité l'indigène qu'en serviteur ; l'Arabe riche ne voit dans l'Arabe pauvre qu'un esclave. Là encore on regrette l'absence de classe moyenne. Les échanges créeraient des relations plus étroites, le commerce y gagnerait plus de franchise, les marchés seraient conclus sur des bases plus sérieuses. Au lieu de cela, l'appât du gain prime l'honnêteté des trafics. Chacun se soupçonne et se méfie: à trompeur trompeur et demi.

L'argent payé comptant est le seul mode de paiement usité par le colon. Il est aussi le seul possible, vu l'existence nomade des vendeurs. Le crédit ruinerait le premier comme il gênerait considérablement le second. La bonne foi n'est pas suffisante pour permettre d'agir autrement. Le deviendra-t-elle? c'est un problème.

Il reste encore dans le Tell de vastes territoires que le gouvernement général de l'Algérie met en vente à bas prix afin d'étendre la colonisation. L'on ne peut dire que celle-ci en ait déjà tiré profit. Le Français, en dépit d'affirmations contraires, n'émigre pas volontiers. Le colon, qui aura été tenté de passer l'eau par l'espérance trompeuse d'une fortune rapidement acquise, est souvent trop peu fortuné lui-même pour réussir. La métropole ne le soutient pas encore assez. Elle lui concède une portion de terrain sans songer qu'à brève échéance il criera misère. Il faudrait que des sociétés de mutualité soient développées dans le but d'épargner des souffrances à ceux qui n'en méritent point. Déjà le gouvernement général a favorisé la création de sociétés de prévoyance indigènes, qui mettent ceux-ci à l'abri des usuriers. Des prêts sont faits aux Arabes à des conditions avantageuses. La culture française leur est enseignée, nos procédés sont heureusement répandus. Le cultivateur indigène y trouve un appui très sérieux : c'est la véritable fraternité, celle de l'union des peuples dans la lutte pour la vie par la vulgarisation des méthodes de travail.

Des sociétés financières existent aussi qui possèdent, ou qui ont possédé, des hypothèques sur des propriétés dont les colons étaient à bout. Elles ne les secouraient que pour mieux les étrangler, cherchant en cela des bénéfices d'affaires et ne poursuivant aucun but colonisateur. Or, il faut éviter au colon le découragement précurseur de la ruine. Il serait souhaitable que l'achat des terres soit rigoureusement contrôlé par l'administration. La vente se fait aujourd'hui au petit agriculteur comme au gros capitaliste. Ce système tentera les émigrants sérieux. Mais il a tenté, paraît-il, certains personnages désireux de profiter des circonstances malheureuses d'un début par le rachat à bas prix. La spéculation s'est glissée dans l'œuvre colonisatrice, entreprise avec un soin jaloux de la haute portée morale que comporte l'extension de notre œuvre de civilisation. Il faut ajouter que des concessions ont été livrées gratuitement en assez grand nombre pour permettre la création de nouveaux centres.

A côté du colon travaille le négociant. Il

faut distinguer le gros et le petit commerces. Les petits vendeurs des villes sont trop insignifiants pour en parler. Certains métiers retiennent davantage l'attention des Arabes : ce sont les quincailliers et les marchands d'étoffes.

L'indigène achète des pièces de toile ou de laine; puis des ustensiles, des instruments en fer ou en cuivre. Le quincaillier algérien est un homme universel. Sa boutique renferme de tout et malheureusement ce tout n'est pas toujours de première qualité : marchandises démodées de nos magasins du continent. Le vulgaire bidon en tôle flamboyante côtoie le fusil aux canons damassés. La cuillère d'étain est suspendue près du revolver à bascule. Les industries française, anglaise, américaine sont représentées. La menue ferblanterie jette un éclat lumineux sur le blanc de la faïence et le noir de la fonte. On vend sur le même comptoir de la poudre, du fil de fer et des poêles à frire; des assiettes en porcelaine, de la verrerie, des serpes, des bouts de corde et des outils de jardinage.

Le gros commerce est celui des grains. L'avenir de l'Algérie réside dans la production des céréales. La province d'Oran deviendra le grenier de la colonie. La culture de l'orge et du blé est très florissante; des avoines d'Algérie figurent sur le marché de Marseille sous la rubrique d'Odessa.

Il y a parmi les négociants en grains des Français, des Espagnols et des Juifs. Ces derniers se montrent toujours là où il existe un trafic. Par contre, ils se mêlent peu du travail de production qui n'est pas toujours exempt de mécomptes. Les minoteries sont en général aux mains de colons français. Il n'en est pas de même des orges et des fourrages. Plusieurs commerçants luttent entre eux avec acharnement et la concurrence mène quelquefois au trust.

La culture de la vigne a atteint son maximum; on ne saurait la développer davantage. Avec le soleil, la récolte est très abondante. Celle-ci suffit largement aux besoins de la colonie et à l'exportation. Les vins d'Algérie servent à faire des coupages avec des crus du Midi : chacun le sait; mais l'on ignore communément que des bouteilles de « Mansourah », des environs de Tlemcen, sont baptisées « Bourgogne » à leur arrivée en France. Si la mévente des vins a, certaines années de surproduction, fait du tort aux viticulteurs du continent, le dommage a été très ressenti au delà de la Méditerranée par les agriculteurs dont le domaine était presque totalement cultivé en vignes. Les locaux n'étaient pas assez spacieux pour contenir la récolte, les capitaux manquaient. Et le vin s'en alla à la rivière au lieu d'attendre dans des fûts l'année suivante ou celle d'après. Alors une récolte moins productive aurait fait puiser à la réserve. La culture de la vigne a longtemps possédé la faveur presque exclusive des colons. La rapidité des revenus en était la cause. Cinq années après sa plantation un cep commence à fournir, dix ans après la croissance atteint son plein effet. Aujourd'hui le colon commence à se raviser. Les nouveaux centres de colonisation produisent principalement des céréales.

La première condition pour former un centre est l'existence d'eau potable et d'eau d'irrigation. On peut citer des villages créés de toutes pièces en l'espace de cinq ans et devenus très prospères. Tels sont Turenne, près de l'ancienne ferme d'Aïn-Sabra, à mi-chemin entre Tlemcen et Maghnia; Descartes, entre Tlemcen et Bel-Abbès.

Quand l'eau diminue, la ruine est proche. L'étude de la canalisation est une question de la plus haute importance. Tlemcen doit sa richesse à la quantité d'eau qui tombe des hauteurs de Lalla-Setti sur les rochers d'El-Kalaa pour aller ensuite baigner les jardins qui environnent la ville. L'eau fait d'abord tourner les moulins; puis, savamment conduite par des rigoles cimentées, court visiter les cultures maraîchères qu'elle baigne avec largesse. Les fossés et les citernes sont soigneusement entretenus. Chacun a son jour, ses heures de distribution. Chacun guette la fermeture de la vanne voisine, ce qui lui permettra d'ouvrir la sienne pour faire dériver l'eau dans ses plantations. Peu ou pas de maraîchers européens; le métier échoit aux Arabes des villes. Ce genre de culture est partout en honneur où l'abondance de l'eau le permet. Les primeurs de Tlemcen figurent chaque semaine sur le marché de Bordeaux (1).

L'Espagnol et l'Alsacien grossissent le nombre des colons. Les uns et les autres mènent une existence laborieuse et s'attachent au pays. Leurs enfants servent dans nos

(1) Les colis postaux sont embarqués le lundi à midi sur le paquebot-poste de la Cie Touache partant d'Oran pour Port-Vendres où ils arrivent le mardi soir. Vers minuit ils sont emmenés par le train qui les dépose au lever du jour à Bordeaux.

régiments d'Afrique où ils apprennent à aimer la France. Le village de Terni près Tlemcen, celui de Sidi-Lhassen près Bel-Abbès, pour ne nommer que ceux-là, sont remplis d'émigrés alsaciens. D'autre part, là où existent des bâtiments isolés dans un espace quasi désertique, on est sûr de rencontrer une famille espagnole. Sur les Hauts-Plateaux, l'Espagnol est l'habituel artisan des chantiers d'alfa. Il est, avec le Marocain, la cheville ouvrière du chemin de fer de pénétration. Le travailleur français y est inconnu; nous fournissons des contremaîtres, mais point d'ouvriers.

Dans le Sud et l'Extrême-Sud, la présence de nos troupes est la seule raison d'être des agglomérations. Celles-ci vivent de leur petit commerce avec l'armée. La région ne présente que des intérêts politiques et militaires, mais n'est pas susceptible de produire, dans l'avenir, des ressources à la création desquelles la nature s'oppose depuis des siècles. La constitution du sol, à part le voisinage de quelques oasis, est rebelle à toute culture. Les cailloux sont les maîtres, quand la dune ne les fouette pas de son ouragan de sable.

Le commerçant du Sud tient une sorte de bazar, où cette fois les articles d'épicerie figurent au premier plan; les autres objets nécessaires à la vie occupent le second. L'alimentation est chose très importante à considérer. C'est le règne de la boîte de conserves dans tout son éclat. Dès le début de la pénétration, des négociants ont rendu de grands services à nos troupes par les approvisionnements qu'ils constituaient à leurs risques et périls. Les caravanes qui les transportaient avaient parfois leur chargement pillé par les djichs, toujours à l'affût d'une bonne aubaine. Voilà bien les seuls civils du Sud à décorer du Mérite agricole, le jour où le « poireau » sera importé au Sahara.

Nous avons déjà parlé de l'industrie aux mains des indigènes : teintureries et tissages, broderies et corroiries. Les étrangers ne sauraient s'y substituer aux ouvriers arabes. Par contre, l'alfa et le palmier nain sont exploités par eux dans quelques fabriques. L'alfa sert à faire du papier, des chapeaux, de la sparterie; il est surtout exporté et l'Angleterre en fait une grande consommation. Le palmier nain est tissé en cordages aux environs d'Oran (1).

L'industrie minière est assez prospère à Beni-Saf et à Rar-el-Maden, tous deux situés sur le littoral ou à proximité. On y extrait le minerai de fer. Ailleurs elle pourrait être plus florissante. Les plombs argentifères de Garouban, près Maghnia, ont été momentanément délaissés. La calamine récemment découverte aux environs de Sebdou est inexploitée. Des gisements métallurgiques ont tenté des ingénieurs aux abords d'Aïn-Sefra. Dans tous ces endroits la difficulté du transport, due au manque de route ou à l'éloignement, rend l'exploitation trop peu rémunératrice.

(1) Et en quelques endroits disséminés du Tell.

***

Le fonctionnarisme a vainement cherché à s'implanter en Algérie. On peut le comparer à une drogue en suspension dans une autre, et qui ne se mêle ni se dissout. Cette autre drogue est le produit du fanatisme musulman. Malgré ses bonnes intentions, l'administration civile ne possède pas les faveurs de l'indigène. Celui-ci la redoute et voit dans les rouages savants des bureauxun élément d'insuccès : il s'y glisse avec crainte, il en sort apeuré. Pour l'Arabe, la raison du plus fort tient lieu de loi. L'une des conséquences de notre domination fut de proclamer la fausseté du dicton. Son vieil esprit féodal se trouve mal à l'aise dans le cercle étroit de notre vie administrative. Il préfère dépendre des bureaux des Affaires indigènes qui gèrent le territoire militaire.

Une création diversement jugée est celle

des tribunaux répressifs et des cours criminelles. Cette institution date de 1902-1903 et concerne exclusivement les indigènes non naturalisés et les étrangers musulmans du territoire civil. Elle a introduit des juges indigènes et soulagé les tribunaux ordinaires. Les délits sont déférés dans chaque canton à la juridiction des tribunaux répressifs. Ceux-ci sont composés du juge de paix et de deux juges âgés de 25 ans au moins, choisis, l'un parmi les fonctionnaires ou notables citoyens français, l'autre parmi les fonctionnaires ou notables indigènes musulmans comprenant le français. Le service du ministère public est assuré soit par le procureur de la République dans les villes où siège un tribunal de première instance, soit par un idoine français, commissaire de police ou autre, nommé à cet emploi pour une année par arrêté du gouverneur.

Le ministère public agit suivant les besoins comme juge d'instruction. Le mandat de dépôt qu'il décerne ne tient que s'il est confirmé le troisième jour par une décision du président du tribunal répressif; sinon l'accusé est mis en liberté de droit le quatrième jour. Celui-ci peut choisir un avocat, un avoué, ou à défaut un oukil indigène au courant de la procédure. Il est libre de porter, dans les dix jours, appel du jugement devant le tribunal correctionnel.

L'Arabe se trouve donc seul juge musulman contre deux Français. L'inculpé reproche à ceux-ci le parti pris. Et pourtant ils ne suivent que leur conscience. S'ils condamnent, généralement c'est que l'accusé n'est pas amené devant eux sans raison.

Les cours criminelles fonctionnent parallèlement aux cours d'assises. Elles connaissent, dans chaque arrondissement, des crimes exclusivement imputables aux catégories de gens visés plus haut. Elles siègent au chef-lieu judiciaire de l'arrondissement et sont composées d'un conseiller à la cour d'appel, président, de deux juges au tribunal civil de l'arrondissement (1), en outre de deux assesseurs-jurés citoyens français et de deux assesseurs-jurés indigènes musulmans. Les magistrats et assesseurs délibèrent ensemble tant sur l'examen de la culpabilité que sur l'application de la peine, après réquisitoire du procureur de la République.

Les notables possèdent voix délibérative. L'écueil existe dans l'ignorance de certains de ces juges de fortune pour le Code pénal. Les avocats assez habiles pour en tirer un heureux parti sauvent leurs clients dont ils émeuvent les pairs. Deux cours voisines ne rendent pas, dans des affaires semblables, des jugements identiques. Alors parfois, malgré la meilleure volonté des juges de carrière, la justice peut devenir aveugle et boiteuse. Elle n'est jamais infaillible puisqu'elle est humaine.

Les tribunaux répressifs et les cours cri-

(1) A Alger, de deux conseillers à la cour.

minelles ont été beaucoup décriés. Les premiers sont très redoutés des Arabes. Leur utilité est réelle; mais ils ne jugent que les délits et les actes de banditisme sont demeurés assez fréquents pour que l'on soit en droit d'exiger la comparution rapide de l'indigène et l'exécution immédiate de la sentence. Les sessions des cours criminelles régulièrement espacées chaque trimestre ne permettent point cette manière d'agir. L'effet moral diminue d'autant. Les crimes les plus atroces suivis de mutilation, les guets-apens les mieux combinés sont, hélas, trop communs. L'insurrection de Margueritte est présente dans tous les esprits. Il y a quelques mois l'Oranie était le théâtre de nouveaux assassinats. La forêt de Daya, la forêt d'Haphir, la route de Tlemcen à Maghnia ont reçu les secrets de nombreux agresseurs restés impunis. La proximité du Maroc donne aux pillards l'espoir, souvent la garantie, de la fuite. Le vol est le principal mobile du criminel ; à lui viennent s'ajouter une haine de race, le mépris de l'Européen, de l'étranger. Ce sang lui plaît à verser, il assouvit sa rage : c'est un féroce.

Aucun commerçant ne court la poste sans un bon revolver, et le fouet n'est pas la seule arme du postillon. Malgré ces précautions ni l'un ni l'autre ne sont à l'abri d'une attaque. Les vieilles diligences, disparues en France, rendent à l'Algérie d'utiles services dans les nombreuses localités distantes du chemin de fer. Parfois le train est doublé d'une voiture qui fait par la route un trajet différent.

La réforme de la peine capitale, qu'on est à la veille de supprimer en France, ne saurait s'appliquer à l'Algérie. Ce serait en effet diminuer notre pouvoir; l'indigène comprend mieux le langage du sabre que celui de l'Académie. Ne jouons pas aux doctrines humanitaires, nous nous brûlerions vite à ce feu-là.

Il ne faut pas, en revanche, traiter de malfaiteurs tous les musulmans. Cependant, comme pays neuf, l'Algérie en compte plus que nos contrées civilisées : chose naturelle. Il faut se méfier, imitant en cela le « bicco » qui ne voyage qu'armé d'un fusil et d'une ceinture bourrée de cartouches, sans parler de l'inséparable « mous » et de la traditionnelle matraque.

LA VIE MILITAIRE

L'Officier et l'Armée.

A côté de la population autochtone, de l'Arabe envahisseur, du colon venu tenter dame Fortune, existe l'élément militaire. Le temps des grandes chevauchées est passé, les indigènes ont accepté notre joug, le Français a prolongé sa patrie au delà de la Méditerranée. L'armée d'Algérie actuelle a reçu de son aînée un héritage à conserver. Non contente d'en assurer fidèlement la garde, elle a voulu l'accroître, elle a percé l'infini du Sud, elle a franchi les dunes et triomphé du désert qui se vengeait par les incursions des djichs, attaquant et pillant les caravanes, surprenant les isolés, insultant nos postes ou nos caravansérails.

L'armée d'Afrique n'est que l'armée de France qui a traversé le grand lac. L'Algérie lui fournissait chaque année jusqu'ici un certain nombre de jeunes gens, fils de colons français, ou d'Espagnols et d'Italiens naturalisés. La loi militaire de 1889 ne les retenait qu'un an sous les drapeaux. Celle de 1906 ne leur a point reconnu de privilège. Tous feront deux ans; et il serait à souhaiter qu'ils les fissent dans un corps de la métropole. L'effectif de l'armée d'Algérie y perdrait peu, l'esprit de la colonie y gagnerait beaucoup. Le service militaire de l'Algérien en France serait le sceau de sa naturalisation. C'est dans les rangs métropolitains qu'il apprendrait mieux à aimer sa patrie, car il la connaîtrait davantage en la servant chez elle.

Des voix se sont élevées contre cette mesure devant le Parlement. Celui-ci, tout en reconnaissant le bien-fondé de certaines remarques, a maintenu l'intégrité de la loi.

Près des contingents français et algériens soumis à l'appel des classes, le contingent indigène recruté par voie d'engagements et de rengagements compose les régiments de tirailleurs et de spahis, pourvus de cadres français. Ces régiments étaient les seuls où figuraient des indigènes jusqu'à ces dernières années. On a essayé récemment d'en incorporer dans l'artillerie et dans la flotte. Ce régime est encore trop nouveau pour qu'il soit permis de le juger. Mais les chasseurs d'Afrique et les zouaves ne possèdent que des européens. L'opinion ne le sait pas généralement; d'aucuns se figurent qu'il y existe des Arabes et des noirs. Il y a eu des exceptions au moment de la conquête. D'ailleurs le général Yousouf était un Turc; et le colonel Ben Daoud, avec quelques autres, sont de rares individualités.

Le service dans le Tell est le même qu'en France : instruction et emploi de la troupe, service intérieur et des places; rien n'y manque. Mais tout cela se passe sous un ciel très bleu. Le service en campagne fait arpenter les palmiers nains au lieu des chaumes, et fouler les cailloux des montagnes comme le sable des ravins. Les régiments n'expéditionnent guère plus et n'ont conservé de l'âge de la conquête que l'habitude de camper en toute saison lorsqu'ils se déplacent (1). La façon de camper est le critérium de la discipline chez une troupe en station.

L'année « scolaire » militaire ne diffère pas davantage; mais elle est moins troublée par la fréquence des permissions. Le petit soldat de France, en mettant le pied sur le paquebot, a jeté un doux regard vers la terre natale qu'il va quitter tout à l'heure au gré des vents. Débarqué sur le sol d'Afrique, il échappera aux influences de clocher : maire, député, sénateur, conseiller général ou notable important seront autant de personnages lointains. Alors le conscrit songera davantage à son nouvel état : la famille militaire l'englobera tout entier. Quand sa pensée le ramè-

(1) Les événements de la frontière franco-marocaine ont modifié récemment cette assertion.

nera sur le continent, le transportant près des siens, dans ce coin de village où s'est écoulée son enfance, où a fui sa jeunesse, où l'âge d'homme l'a joyeusement nommé conscrit, ses yeux se mouilleront de larmes, car il se sentira loin. Mais son regard se tournera vers ses camarades, vers ses chefs : ce sera la plus belle manifestation de l'esprit militaire. De lui naîtra la confiance mutuelle, base du dévouement.

Ce dévouement existe chez nos soldats d'Afrique à tous les degrés. Aux prises avec la raison brutale des événements, les caractères les plus aigus se rendent à l'évidence. C'est l'école de l'égalité morale vis-à-vis de l'embarras matériel. L'entrain de nos troupiers ne se dément pas. Leur métier, plus dur que celui de leurs camarades de France, en a plus de grandeur puisqu'il exige plus de sacrifices. Il trempe les âmes et fait les individualités. Les troupes blanches employées dans les colonnes de l'Extrême-Sud, pleines de gaieté et d'endurance, sont d'un noble exemple pour les bataillons indigènes rompus aux rigueurs extrêmes du climat. Il serait injuste de ne pas rendre hommage à nos braves conducteurs du train des équipages, qui sont la ressource de nos convois. Ces gens-là ont fait l'Algérie ; ils ont permis sa conquête. Leur activité et leur énergie ont sauvé de périlleuses situations. Encore aujourd'hui leurs services sont utiles et leur concours est fort précieux.

L'officier lui aussi, livré à lui-même, développe son initiative, son aptitude au commandement. Il exerce sa patience et sa réflexion, son amour des responsabilités. Il acquiert le dédain du « qu'en dira-t-on » ; est-ce un mal lorsqu'il s'agit de réaliser le bien, le beau et le juste? Le rapprochement du soldat et du chef est plus caractérisé qu'en France, où le troupier se trouve moins isolé. La cohésion morale, l'esprit de corps unissent les cœurs. Aucun n'oublie que cette terre fut conquise par les premiers héritiers d'une gloire qui mit l'Europe aux abois. L'inconnu a tenté leurs successeurs. Ceux-ci ont voulu sonder l'hinterland algérien. La paix armée du continent favorise le développement des colonies.

Dans toute agglomération d'individus, les uns végètent ou reculent, les autres gagnent de l'avant ou bien vont exercer ailleurs leur activité. Ce sentiment fait demander l'Algérie et les autres colonies aux officiers de France désireux de s'extérioriser. Ils y voient des pays neufs, de nouvelles forces à dépenser, peut-être une gloire à conquérir : une page à ajouter à l'histoire coloniale de la France.

Un genre de vie différent correspond à la division géographique du sol. Un dicton veut qu'Alger soit la première garnison de France pour l'agrément et la joyeuseté. Le site est merveilleux, les environs sont pittoresques. Qui ne connaît le ravin de la Femme sauvage, le jardin d'essai, le chemin du Télémi, et les eucalyptus de la forêt de Baïnan. Alger la Blanche ne peut jalouser la côte d'Azur. Son climat lui vaut une réputation justifiée d'hivernage. La société étrangère est nombreuse et l'Anglais y domine naturellement. Le genre cosmopolite a gagné les hauteurs de Mustapha. Cet ancien faubourg est devenu un coin de boulevard Saint-Germain international.

Oran ne respire pas le même parfum. L'atmosphère, peu mondain, est plus commercial. Le gros trafic du port d'Alger sera un jour égalé par celui d'Oran, encore modeste mais recueilli. Ici pas de société; mais des gens d'affaires, Français, Espagnols et Juifs.

Pour le militaire de l'Oranie, Oran est le port qui le rattache à la France; c'est l'endroit où l'on voit la mer, où son regard devine au delà de la pointe de l'Aiguille, derrière l'horizon qui se répand, d'autres promontoires, ceux du sol natal où vivent les parents, les amis. C'est aussi le lieu de repos, le point de la côte regagné avec joie après les longs mois passés dans le bled, sous la tente ou dans des baraquements tristement alignés. Quand le train paresseux a débarqué ses fiévreux voyageurs, ceux-ci crient « Oran ! Oran ! » comme des naufragés appellent la terre. Et pourtant la vie de l'intérieur a son charme, celle du Sud son attrait. Mais Oran possède de la hantise, on y passe volontiers, on y séjourne avec plaisir, puis on s'en lasse et l'on part retrouver le bled avec joie.

La ville ne présente malheureusement guère de ressources intellectuelles. Les environs immédiats offrent quelques promenades le long de la côte. Santa-Cruz a été joliment dotée par le génie militaire d'un chemin carrossable qui monte en serpentant vers le sommet de la colline, d'où l'œil s'étend jusqu'à la plage des Andalouses. En bas une route de corniche mène à Mers-el-Kébir. Au nord-est, la montagne du Lion domine les hautes falaises qui tombent abruptes dans la mer, à peine échancrées par la petite baie de Christel.

La province est la plus sévère de l'Algérie.

Au départ d'Oran pour l'intérieur, le désert vous enveloppe, un désert avant la lettre : le plateau en partie inculte de la Sénia, parsemé de sebkhas où l'on récolte du sel. Les garnisons du Tell ont plus de couleur locale, le cadre a nettement changé. Il est toutefois plus rigide que dans les autres provinces. Dépourvue des vestiges de la domination romaine qui n'a fait qu'effleurer ses bords, l'Oranie est pauvre en souvenirs, comme elle est parfois dure en ses paysages. Deux types de garnison s'y rencontrent : la ville presque entièrement française et celle qui a conservé son caractère arabe. Bel-Abbès doit être cité et opposé en cela à Tlemcen.

Bel-Abbès fut notre œuvre en 1849. Ses larges rues tirées au cordeau, ses hautes maisons construites uniformément et sans goût lui donnent l'aspect quelconque d'une cité de province propre et spacieuse. Cet amas tout moderne de bâtisses européennes s'élève au milieu d'une plaine très marécageuse. La main des colons a su l'utiliser. Les terres sont devenues d'une fertilité exceptionnelle grâce à l'irrigation. Le ruisseau de la Mékerra, dont le lit habituel est un fossé, cause aux mauvais jours d'importants dégâts. Il est l'image la plus frappante du régime des oueds algériens, qui renversent les barrières et les ponts si l'orage les met en courroux. Alors la vague en furie ne connaît plus d'obstacle, la voie ferrée est balayée comme un simple chemin. On ne peut oublier Bel-Abbès dans une étude de l'Oranie, car elle est la résidence du 1er étranger. La légion est un corps d'élite dont l'histoire est suffisamment connue : elle a fourni des héros dans toutes les expéditions lointaines et la France lui doit de la reconnaissance pour la conquête et la garde de ses possessions d'outre-mer : Madagascar et le Tonkin. Des bataillons des 1er et 2e étranger ont figuré dans la plupart de nos expéditions coloniales : le Sénégal, le Soudan, la Guinée ont vu les légionnaires. Les Marocains ont fait dernièrement leur connaissance à leurs dépens. Il n'y a pas si longtemps que le sang de ces braves coulait à Moungar, dans le Sud-Oranais et à Casablanca. Avant de scruter leurs consciences, il faut leur rendre ce juste hommage que leur ténacité devant l'ennemi, leur indomptable bravoure leur ont valu une réputation universelle.

Sans doute, la mentalité de ces troupes tient plus de l'âme du condottiere que de celle du citoyen soldat. Leur origine le veut. Ce sont gens de métier et surtout d'aventures; puis, il faut l'avouer, des personnages venus parfois pour faire oublier une vie jusque-là orageuse; des spécimens souvent tarés de la jeunesse contemporaine qui, n'ayant jamais appris leurs devoirs, n'ont jamais pu les appliquer. La société qui les rejette les donne en proie au hasard des combats, où toute leur énergie se déploiera, car ce sont aussi gens de nerf et d'audace. L'anonymat leur permet une nouvelle virginité. Au feu, ce sont des lions; en garnison, de rusés renards ou des loups. L'officier français éprouvera avec eux plus d'indépendance. Le Tell est pour le légionnaire, officier ou soldat, le lieu d'attente avant l'exode pour la terre lointaine. L'officier s'y rend d'après un tour de marche individuel qui ne s'occupe pas de l'unité à laquelle il appartient, tout comme cela se passe dans l'armée coloniale. Une noble soif des dangers l'a conduit à la Légion ; tout son espoir est d'obtenir vite son départ aux colonies, où il groupera sous son commandement des hommes de plusieurs nations qu'il fera concourir à la gloire de la sienne propre. Le rapprochement du soldat et de son chef n'y a pas la même signification que dans les corps métropolitains d'Algérie. Les éléments étrangers et disparates de la Légion en sont la cause. Celle-ci est une troupe toujours prête à employer, c'est un instrument qui passe en plusieurs mains d'un jour à l'autre. Les autres corps, différents par le recrutement, le sont aussi par l'éducation; il doivent être instruits, puis entraînés : l'emploi commande l'école.

Laissons Bel-Abbès comme nous avons laissé Oran. Ici, le bled monotone est très cultivé. Le chemin de fer traverse de vastes cultures bordées par des massifs montagneux peu fertiles, çà et là plantés d'arbres parmi lesquels domine le sapin. Les forêts de la carte ne sont souvent que des amas de buissons épineux, dont la hauteur modeste permet au voyageur d'embrasser toute l'étendue. Tlemcen, au contraire, est un verdoyant oasis d'oliviers. Construite à flanc de coteau au bas de Lalla-Setti, elle domine de ses murailles toutes modernes les plantations diverses : vignes et céréales, qui font la richesse de la contrée. L'existence s'y déroule pour le militaire semblable à celle de France au point de vue guerrier. Mais l'étude des coutumes et des mœurs locales, du développement et des produits de la colonisation présente un grand intérêt. Elle délasse des occupations journalières de la vie de garnison ; elle permet d'observer celle de peuplades encore peu civilisées, dont certaines, véritables troglodytes, se complaisent dans leurs habitations rocheuses ; elle fait comparer l'esprit des villages à celui du bled ; elle donne à songer aux résultats de la conquête.

Tlemcen n'a plus la grandeur qui l'illustrait comme capitale du Moghreb, car la colonisation, en s'étendant autour d'elle, lui a enlevé une partie de sa renommée musulmane. Son étoile a pâli, mais elle est restée une des villes les plus arabes d'Algérie. Ses vieilles mosquées qui datent de l'époque des Beni-Zeiyan, la plus célèbre des dynasties de ses rois (XIIIe au XVIe siècle), lui ont conservé une sincère originalité. Au-dessus et près d'elle, un peu plus élevé vers la montagne, le sanctuaire de Bou-Médine attire de nombreux pèlerins. C'est un centre religieux où l'esprit musulman a gardé tout son fanatisme. A 1.500 mètres vers l'ouest, les remparts écrêtés de l'antique Mansourah rappellent les luttes de peuplades rivales, et leurs ruines sont la preuve de l'acharnement de leurs combats.

L'officier n'est plus, à Tlemcen, le personnage qu'il figurait sous Cavaignac ou Chanzy. L'indigène est entré successivement en rapport avec le civil, colon industriel ou commerçant. L'officier va et vient sans être distingué spécialement.

***

Les tirailleurs et les spahis séjournent dans le Tell et sont appelés dans le sud par tour de marche. Les engagés prennent généralement du service dans la ville la plus proche de leurs douars. Ces mercenaires ne s'éloignent pas volontiers de leurs garnisons. Ils préfèrent les casernes à la tente qui fut leur berceau. La faute en est à notre administration, qui les traite à l'européenne au lieu d'utiliser pleinement leurs qualités natives.

Les spahis ont eu jusqu'à ces dernières années plusieurs escadrons organisés en smalahs. Surveiller une région en vivant sur le pays; occuper un poste central d'où l'on peut rayonner, puis se ravitailler en arrière : tel fut le but de ces formations. Ce sont des douars militarisés. L'indigène vit avec sa famille sous la tente et cultive aux alentours un lot de terrain qui lui est concédé. Le produit de la récolte est partagé suivant une convention avec l'Etat. Au surplus, une zone est exploitée en commun au profit de ce dernier. C'est le régime du soldat-laboureur. Mais la civilisation apparut, apportant des commodités, des habitudes, des avantages copiés sur le goût européen. Des constructions élégantes furent élevées pour les cadres français. De là à faire des écuries couvertes pour des chevaux habitués à vivre en plein air, il n'y avait qu'un pas. Les logements des officiers étaient indispensables, ceux des chevaux superflus. De véritables fermes modèles succédèrent à la primitive smalah. Le mal n'eût pas été grand si le rendement financier avait été en rapport avec l'installation. Mais il en était tout autrement. Les smalahs coûtaient à l'Etat, qui finalement les a supprimées à l'exception de deux : Sidi-Medjahed et Bled-Chabba situées dans la province d'Oran.

Le cours de la Tafna réunit Medjahed et Chabba, placées de part et d'autre de la route de Tlemcen à Maghnia et distantes entre elles d'une dizaine de kilomètres. La fondation de ces deux smalahs est antérieure à l'occupation de Maghnia, qui ne présente aucun intérêt stratégique mais seulement commercial. Son marché est un des plus importants d'Algérie. Les Marocains de la plaine des Angad le fréquentent assidûment et y amènent de nombreux troupeaux. Ceux-ci sont parqués chaque samedi dans un immense paddock gardé militairement par un peloton de spahis, afin d'éviter les risques résultant de disputes entre indigènes. A 7 lieues vers le sud-ouest s'élèvent les murs dentelés de la cité d'Oudjda. Les abords montagneux et boisés de la ligne conventionnelle frontière nécessitent une surveillance spéciale. Le secteur Le Kef, Sidi-Zaher, Zoug-el-Berel, Maghnia est dévolu à Medjahed; le secteur nord, à Chabba. Dans la pratique, les spahis contribuent à tour de rôle à la garde des postes soit permanents, soit temporaires, depuis El-Aricha jusqu'au bordj d'Adjeroud, qui domine l'estuaire du Kiss (1) et la casbah impériale de Saïdia.

Chacune des smalahs est de l'effectif d'un escadron de quatre pelotons, et ceux-ci comprennent un certain nombre de tentes. Le spahi est chef de tente dans laquelle s'entassent pêle-mêle femmes et enfants. Il mène

(1) Près duquel s'élève le village naissant de Port-Say.

ainsi la vie de famille à lui impossible dans les autres escadrons. Très peu sont célibataires et le commandement les encourage à se marier. Les domestiques sont venus par raffinement augmenter la famille et faciliter la besogne du maître, qui d'agriculteur modeste est devenu petit fermier. Ces gens sont nommés khamès et reçoivent le cinquième du revenu total, d'où leur appellation : *khamza*, signifiant cinq en arabe. Le spahi les traite en serviteurs, presque en esclaves. Leur nombre fixé dans le principe est très variable dans la réalité.

L'emploi de capitaine commandant un escadron de smalah n'est pas une sinécure s'il veut s'en occuper sérieusement. Cet officier doit joindre à ses aptitudes militaires celle de *gentleman farmer*. Il sera moins grand tacticien que fervent campagnard : fermier désintéressé pour lui, mais très regardant pour sa ferme, qui périclitera rapidement si la gestion n'en est pas étroitement surveillée.

L'écueil de toute situation indépendante est de devenir une prébende pour qui la tient, s'il pense à son bien-être avant d'assurer celui de ses subordonnés. Le chef d'une smalah est tout-puissant sur les terres qu'il gère au nom de l'Etat, et tout-puissant sur les laboureurs qu'il occupe pour l'Etat ou pour lui. Le maître ne doit pas viser au potentat. L'usage du droit de préemption ne sera pas une habitude absolue. Il y va de son devoir, de sa dignité et de la discipline de ses gens. Un capitaine de smalah doit être apte à faire valoir et posséder des connaissances techniques et pratiques sur la culture, l'élevage des moutons et des bêtes à cornes, la conservation des récoltes, la vente et l'échange des produits. Déjà, en France, il est souvent peu commode de trouver dans un régiment un officier capable de diriger un misérable jardin potager; on peut alors juger l'embarras d'un colonel appelé à proposer au ministre de la guerre un commandant de smalah parmi ses capitaines en second. D'aucuns, nommés malgré leurs vives protestations, font néanmoins tous leurs efforts pour mener à bien une entreprise qui, en des mains inhabiles, ne peut avoir qu'une existence précaire.

Les officiers ayant résidé aux colonies sont particulièrement aptes au commandement des smalahs. Ils ont été livrés à eux-mêmes dans des régions où leur initiative personnelle était le seul remède à de multiples embarras. Ils se sont vus conquérants et metteurs en œuvre de leur conquête. Ces soldats ont été, comme le préconise M. le général Lyautey, agriculteurs, constructeurs, industriels et commerçants.

J'ai connu, il y a dix ans, un capitaine de spahis dont la carrière s'était déroulée au Sénégal pour se terminer en smalah. Cet homme, pour qui le voyait sans être prévenu, avait l'air échappé de la brousse : sa large figure, dont le crâne était plus chauve qu'un caillou, portait une barbe longue et touffue ; des yeux perçants éclairaient l'enluminure de ses joues. Il avait l'aspect aussi terrible qu'il était bon dans la réalité. Une forte carrure d'idées, une franche bonhomie, une main toujours tendue mais aussi ferme que généreuse étaient ses qualités. On le sentait dans son élément. Il avait beaucoup vu et retenu ; son expérience de la vie et des peuplades qu'il avait côtoyées le mettait à l'abri des entreprises livrées au hasard. Ce soldat avait l'âme d'un guerrier de la première heure foulant le sol de sa victoire ; il avait la foi. Original et réfléchi, il savait manier ses soldats-laboureurs tout en variant l'emploi de leur temps. Comme aux spahis des smalahs l'instruction militaire doit être également entretenue, il fallait la mener de pair avec les travaux des champs. De temps à autre, l'instinct chasseur de ses gens était flatté par un tiré de lièvre ou de sanglier qui clôturait un service en campagne ou une marche en fourrageurs dans les buissons de la forêt.

Les longues chevauchées et la chasse sont les passe-temps de l'officier en smalah. Il n'a point d'autre distraction. S'il ne possède des goûts de bénédictin, il vivra surtout au grand air. L'amitié d'un camarade, passionné pour la campagne, sera précieuse.

Les officiers indigènes ne sont pas d'une grande ressource. Elevés dans une religion qui leur a fait une mentalité distincte, arrivés généralement fort tard aux grades qu'ils occupent et, quelque bien intentionnés qu'ils soient, toujours tenus un peu à l'écart, ils ne peuvent entretenir avec leurs collègues français que des relations courtoises dans lesquelles, il faut le reconnaître, existent des sentiments de parfaite camaraderie.

Si la situation d'un officier célibataire présente déjà des inconvénients réels lorsque se prolonge son séjour aux smalahs, celle de l'officier marié est intolérable. A moins de pouvoir s'habituer à une existence de châtelaine ignorée, volontairement recluse en un castel à demi sauvage, privée de ressources sociales et condamnée à un isolement perpétuel, la femme n'éprouvera aucun bien-être à vivre au bordj, dans cette simili-forteresse qui tient du quartier et de la ferme. Ou bien alors lui faudra-t-il sur un coursier fringant accompagner son mari dans ses promenades. Elle ne tardera pas à se lasser du paysage morose où les collines embroussaillées succèdent uniformément aux ravins caillouteux. Le soleil n'égaye point la teinte grisâtre de ces forêts éternellement naissantes. Seul le vent règne en maître sur ces terres en toute saison.

L'indigène s'y plaît, car il y est né. Il mène à la smalah sa vie habituelle avec sa famille, tout en émargeant au budget de la colonie : « service militaire », dira-t-il, pour résumer les raisons de son état à qui l'interrogera. Pour l'officier français, la présence ne doit se prolonger que ce que dure un intéressant voyage : le temps d'étudier le pays et ses habitants, d'observer leurs usages, de connaître leurs mœurs. Après quoi il cédera la place à ce moment où un plus long séjour ne pourrait qu'affaiblir ses aptitudes militaires et ses facultés intellectuelles.

***

L'existence sur les hauts-plateaux d'Oranie possède une grande analogie avec celle des smalahs; mais les commandants d'unités n'ont plus les mêmes préoccupations.

Les troupes françaises sont maintenues à un effectif renforcé et dans plusieurs postes sont envoyées des recrues. Les phases de l'instruction se déroulent sans autre intermède que l'espoir toujours présent dans les cœurs de partir au Maroc. Chacun regarde du côté de l'Ouest avec l'idée de percer vers le turbulent Moghreb. Les luttes sans résultats du sultan et du prétendant favorisent cet état d'esprit. L'agitation des tribus frontières l'entretient journellement.

Les officiers de troupe questionnent les camarades détachés aux affaires indigènes, et la timidité voulue des réponses fait soupçonner la gravité des événements. L'importance de ces derniers n'est souvent pas en rapport avec le mystère dont se trouve entourée leur simple réalité. Pour ne pas suivre des lignes de conduite différentes, les officiers des bureaux arabes sont obligés de renoncer une fois pour toutes à satisfaire la curiosité ambiante. Parfois celle-ci est tellement exigeante qu'il ne reste qu'à convaincre ses auteurs de la justesse de leurs vues. Rien ne flattera plus l'indiscret que de lui parler de préparatifs possibles pour un très proche départ. Vite il retournera chez lui confiant dans un tel présage, il se laissera bercer à la lecture de situations très étudiées. Et bientôt, dans son esprit, hommes et chevaux disponibles s'agiteront sur la piste qui franchit la frontière. Son prochain rêve le fera vainqueur d'une nouvelle smalah.

La chasse au sloughi est le sport du bled. A défaut de chiens, les battues de lièvre sont organisées dans l'alfa avec l'aide des troupiers ou des Arabes dispersés en fourrageurs à peu d'intervalle. Les privilégiés vont à l'affût du mouflon dans la montagne, ou poursuivent les perdreaux dans les ravins.

Les postes des hauts-plateaux n'ont plus aujourd'hui la raison d'être qui a necessité leur construction. Ils formaient primitivement la barrière avancée d'un hinterland que nos entreprises militaires ont récemment porté plus au sud. Plusieurs d'entre eux sont devenus les stations naturelles du chemin de fer de pénétration : le Kheider, Méchéria, Aïn-Sefra jouent ce rôle aujourd'hui. Cette dernière bourgade est le siège de la subdivision indépendante qui gère toutes les affaires du Sud.

Il n'y a pas bien longtemps qu'Aïn-Sefra était le point terminus de la ligne qui, de 1898 à 1906, a été prolongée jusqu'à Colomb-

Béchar, au sud-ouest de Figuig, par Djenien-bou-Rezg, Duveyrier, Beni-Ounif et Ben-Zireg. Le Sud-Oranais a ainsi gagné la prépondérance sur le Sud-Algérois. Nos possessions sahariennes des oasis du Gourara, du Tidikelt et du Touat relevaient plutôt de l'Oranie. Cette province offre des voies de pénétration plus naturelles. Les oasis sahariennes forment l'hinterland de notre Algérie. Leur conquête a trompé les espérances des hommes hardis et entreprenants qui en ont sondé les premiers mystères. Notre présence a ramené, dans ces régions sans cesse troublées par les Touaregs et les tribus du Sud-Marocain, la paix et le calme, et nous avons favorisé les échanges entre les hauts-plateaux et les oasis en donnant plus de sécurité aux caravanes. Leur aspect abandonné et le manque presque absolu de cultures rendent la vie triste et morne, si le moral n'est pas stimulé par une espérance ou bien occupé par un but. Celui-ci est davantage présent dans l'Erg que dans la mer d'Alfa. Le voisinage du Tafilet rend indispensable une surveillance plus active. Pour y suivre la vie militaire un peu de géographie semble nécessaire.

A partir de Djenien-bou-Rezg, à 70 kilomètres sud d'Aïn-Sefra, trois sillons longitudinaux permettent l'accès des zones sahariennes : la vallée de l'oued Gharbi, celle de l'oued Namous, enfin l'oued Dermel continué par la Zousfana, dont la réunion à Igli avec le Guir forme la Saoura. Ces rivières ne possèdent pas de cours constant. Quelques-unes sont souterraines. L'oued Namous ne coule qu'en cas de fortes pluies; il est alors impossible de le traverser non seulement à cause du courant, mais surtout à cause de son fond vaseux. L'oued Dermel et la Zousfana sont également sujets à des crues subites qui les rendent infranchissables. On ne leur suppose guère un pareil régime à voir par un beau soleil les longs rubans argentés qui se déroulent sans bruit dans la solitude du bled. Mais qu'un orage éclate et rapidement les eaux montent, les flots impétueux renversent avec fracas les pierres qui voudraient les diviser et s'attaquent parfois même à des ponts métalliques, pliant les barres de fer comme des joncs. Çà et là le lit de l'oued se creuse et ces sortes de poche appelés redirs conservent longtemps les eaux venues accidentellement les remplir ; c'est une ressource que les caravanes ne dédaignent pas.

La route de l'oued Gharbi est la route de l'Erg, c'est-à-dire des dunes, difficile aux convois. Les chameaux doivent demeurer huit et quelquefois douze jours sans être abreuvés ; les indigènes transportent dans des peaux de bouc goudronnées à l'intérieur l'eau nécessaire à leur propre subsistance. L'oued Namous est une voie plus favorable et plus sûre, mais dépourvue de puits. Le génie y a déployé des efforts restés infructueux : ou bien l'eau n'a été trouvée qu'en des points trop éloignés les uns des autres, ou bien les puits creusés à grand'peine n'ont été que d'un faible débit et se sont ensablés trop rapidement. L'oued Gharbi et l'oued Namous ne sont en résumé praticables qu'aux chameaux conduits et escortés par des indigènes. Aucune troupe française ne pourrait en user sans faire naître des embarras de bagages et de vivres que la présence de l'élément indigène seul ramène à la plus minime quantité.

La vallée de la Zousfana est l'unique voie utilisable. C'est pourquoi la vie militaire s'est rejetée vers l'Ouest. Des massifs difficilement franchissables isolent nos colonnes du côté de l'Est ; de l'autre, le mystérieux Tafilet avec ses tribus pillardes et ses djichs avides de butin et de vengeance. Les quelques ksours de la Zousfana sont des points d'eau convenablement distants les uns des autres, gîtes d'étape des convois. Malheureusement leurs maigres ressources permettent à peine à leurs habitants de vivre des jours misérables.

Leur avoir est encore diminué par les bandes marocaines qui les mettent fréquemment à contribution.

Jusqu'à Igli, où le nombre des palmiers peut être évalué à 150.000, aucune oasis n'a de réelle importance. Celle d'Igli a même été supplantée par Beni-Abbès, oasis plus considérable en ressources, située à une cinquantaine de kilomètres vers le Sud. Notre influence s'est étendue jusqu'à Kersaz, à 100 kilomètres de là. Ces deux dernières oasis sont dans la Saoura.

Le long du lit souvent à sec de la Zousfana, quelques bandes de terre cultivable, abritées par les palmiers contre les rayons d'un soleil trop ardent, dessinent quelques jardins de dimensions restreintes. Des rigoles savamment combinées, des séguias en permettent l'irrigation. Mais durant les chaleurs la sécheresse les envahit. L'hiver, les crues plus nombreuses envoient sans parcimonie leurs eaux bienfaisantes jusqu'au Touat.

Les ksouriens de ces oasis n'en sont pas toujours les propriétaires. C'est une des causes des discordes qui trop souvent les ravagent. Ainsi les huit ou neuf cents palmiers de Fendi appartiennent à des gens de Figuig ; ceux-ci viennent les récolter et concluent leurs fermages en faisant parler la poudre.

Figuig fut jusqu'à ces dernières années le refuge des nombreuses tribus qui brigandaient contre nos convois (Beni-Guil, Ouled-Djerir, Douï-Menia). C'était leur centre de ravitaillement. Les djichs y venaient se reposer quand, las de courir le bled et de guetter les isolés, ils voulaient profiter de leurs rapines. Figuig, encore légèrement mystérieux, environné de hautes montagnes, sauf vers l'Est, donne au voyageur l'idée d'un repaire. Une muraille en pisé, de cinq à six mètres d'élévation avec ses créneaux dentelés et ses contours irréguliers, lui fait une enceinte pittoresque. Au milieu paraissent jetées pêle-mêle des bâtisses d'une couleur uniformément jaunâtre, séparées par des ruelles ou par des groupes de palmiers. L'ensemble comprend sept Ksours dont les principaux sont Zenaga, Oudaghir et El-Maïz. Les jardins verdoyants qui les entourent contrastent violemment avec l'aridité avoisinante. La population, évaluée à une dizaine de mille âmes, compte des artisans de tous les métiers, de tout acabit. On y rencontre des brodeurs et des armuriers. Les Juifs exploitant les uns et les autres vont colporter les produits de l'industrie locale. Il faut ajouter les nomades qui viennent y séjourner pour calmer leur conscience ou égarer nos soupçons. Figuig est, par sa position géographique et par sa situation matérielle, le seul point important d'une région improductive. Il n'est pas, à Beni-Ounif, d'officier ou d'homme de troupe qui, voyant si près d'eux les murs de Figuig, ne regrettent avec amertume que ces lambeaux de territoire soient pour eux fruits défendus, alors que la France étend son autorité sur de si larges espaces semés de cailloux et dépourvus d'avenir.

A l'ouest de la Zousfana l'occupation du massif du Béchar nous a permis d'organiser des postes avancés qui protègent notre hypothétique frontière. Ben-Zireg et Colomb-Béchar sont desservis par le chemin de fer de pénétration. De ces deux postes sont envoyées des patrouilles et des reconnaissances afin de pourchasser les audacieux djichs et de les refouler au Tafilet. La création des deux compagnies sahariennes de la Zousfana et du Béchar répond à ce but. L'existence de nos officiers y est féconde en périls et en aventures. Le moral des troupes est toujours en éveil dans l'attente d'une nouvelle randonnée. La fièvre du tour de marche réchauffe les cœurs et fait naître toutes les audaces. Mais elle ne peut empêcher de juger comme il convient la valeur économique du pays.

Un courant d'opinion existe en faveur de la

pénétration saharienne. Des écrivains, des savants ont prêché que le désert était franchissable. Une voie ferrée drainerait vers l'Algérie tout le commerce africain. Les Russes ont construit le transsibérien, disent-ils ; pourquoi les Français ne feraient-ils pas le transsaharien? Et puis des explorateurs, avec des missions entières, n'ont-ils pas victorieusement traversé le grand Erg. Leurs entreprises ont réussi; cela prouve-t-il que le chemin de fer soit possible et que le transit ultérieur soit en rapport avec l'argent dépensé? L'approvisionnement en eau nécessiterait le forage de puits problématiques. Etrange utopie de verser des millions dans le sable pour un but certainement beau en principe, mais impraticable en réalité. Mieux vaut donner à l'Algérie agricole cet argent qu'elle acceptera avec joie et qui lui permettra un magnifique essor. Pourquoi même ne pas songer à certains coins de France, comme ces régions désolées du Midi, où le phylloxéra (quand les inondations ne se mettent pas de la partie) a détruit des fortunes et plongé des familles entières dans le besoin.

L'opinion du Dr Decorse est marquée au coin du plus grand bon sens quand ce membre de la mission Congo-Tchad s'écrie : « Le transsibérien ne nous apparaît que comme un mirage, ombre vagabonde que l'éloignement, le soleil et l'auto-suggestion grandissent et font flotter sur la terre africaine. »

La séparation éventuelle.

Les rapports du colon et du militaire, dus à l'importance des intérêts que le premier fait fructifier sous la garde du second, créent dans la colonie une vie économique d'autant plus intense que la situation des uns et des autres va en s'améliorant. Il n'y a pas tout à fait un siècle que l'armée du comte de Bourmont faisait tomber le château de l'empereur et que le dey Hussein remettait en nos mains sa capitale. Les années qui suivirent les débuts de la conquête furent assez peu prospères pour justifier le mot de Bugeaud : « Œuvre de géants et de siècles. »

Jusqu'en 1882 la colonisation a marché avec lenteur. Depuis des progrès ont été faits. Le développement agricole, commercial, industriel s'est accentué. Le colon se sent aujourd'hui quelqu'un. Un souffle d'autonomie a passé par-dessus sa tête. Faut-il en augurer des idées séparatistes vis-à-vis de la métropole? Un légitime désir de s'administrer plus directement ou plutôt de veiller à l'administration du territoire a depuis 1898 été favorablement accueilli.

L'institution des délégations financières a doté l'Algérie d'un comité consultatif de nature élective, chargé d'apporter au gouvernement général des avis éclairés sur le régime fiscal de la colonie. Rien n'était plus équitable que de faire participer l'habitant algérien, colon ou non colon, et l'indigène de territoire, civil ou militaire, à la surveillance des impôts établis sur la terre qu'il cultive, qu'il honore des fruits de son travail, qu'il a remise en notre pouvoir. Le délégué colon sera peu à peu un personnage autochtone, car son électeur choisira de préférence l'homme né dans le pays pour en représenter les intérêts. Les délégués indigènes et kabyles défendront leurs opinions avec indépendance. Le délégué non-colon assurera les bonnes relations commerciales avec la métropole et son opinion servira de contrepoids aux précédentes. Tous trois veilleront à la prospérité du territoire par l'heureux emploi du budget. Le budget français assure d'abord l'entretien du 19e corps et l'existence administrative des trois provinces. Le reste de l'argent destiné à l'Algérie sert à augmenter la vitalité économique du pays qui y contribue par les divers impôts. Les députés et sénateurs algériens revendiquent la part due à la colonie. Les délégués en surveillent la distribution. Le cumul des fonctions est interdit, la politique se trouve donc bannie au premier chef de la jeune assemblée.

La transformation éventuelle des délégations en parlement n'est pas à craindre, si le rôle qui leur est dévolu demeure strictement respecté. Le gouverneur général, à l'ouverture de la première session, l'avait nettement caractérisé, et tout son discours se ressentait de sa volonté impérieuse de rappeler à ses auditeurs leurs devoirs à côté de leurs droits. Le désir des assemblées nouvelles est de se vouloir omnipotente. Nos bons délégués durent savourer en silence les paroles pleines de sagesse, de mesure et de fermeté de M. Laferrière : « Les délégations financières ne sont pas des assemblées politiques aspirant à représenter l'ensemble des idées, et même des passions, qui animent la masse des citoyens. Elles constituent des représentations d'intérêts, des organes autorisés des besoins et des aspirations d'ordre économique et financier qui correspondent aux différents foyers d'activité et de production qui existent en Algérie. »

La personnalité de l'Algérie grandit chaque jour et le développement des idées françaises au delà de la Méditerranée commence à porter ses fruits. Les heures troublées qui suivirent les incidents de Fachoda eurent pour conséquence de raffermir la situation mondiale de notre première colonie. On se sentit les coudes quand on se reconnut. La France ne devait plus compter sur l'Algérie et celle-ci devait songer à sa propre défense. Mais comment? Et c'est là qu'intervient la nécessité de la permanence d'une armée métropolitaine. Celle-ci conserve, entretient et répand notre influence politique, notre domination morale. Pas d'armée autochtone, par conséquent pas de soulèvement séparatiste, pas de pronunciamientos. Une même patrie, un même drapeau, celui qui fut planté par Lamoricière sur les remparts fumants de Constantine, celui qui fut héroïquement défendu par le capitaine Lelièvre à Mazagran. Pourquoi préconiser le régime du service obligatoire chez les indigènes? Pourquoi vouloir les soumettre à une loi de recrutement semblable à la nôtre? A quoi bon enlever à ces fils du désert ou de la montagne l'idée du métier de soldat? Ferait-on par hasard chez eux une armée nationale? Le concept de la nation armée, bonne pour nous autres fils de France, parce que nous la comprenons avec la hiérarchie qu'elle comporte, le noyau de vieux soldats qu'elle nécessite, l'impôt du sang qu'elle glorifie, ne peut se développer à notre avantage chez des peuples pasteurs ou nomades dont nous avons d'abord brûlé les tentes ou dispersé les troupeaux. Ne soyons pas aveugles, restons les défenseurs pour demeurer les maîtres.

L'existence du territoire militaire, transition douce entre l'Algérie européenne et le grand désert africain, est une garantie des plus sérieuses pour le maintien de notre suprématie. La tendance actuelle est de retirer à l'administration des bureaux arabes plusieurs annexes des hauts-plateaux limitrophes du territoire civil. Le changement est tout récent. L'œuvre de colonisation y gagnera, dit-on. Mais il n'a jamais été défendu à des Européens de cultiver sous l'autorité militaire. Si les fermes y sont plus rares, c'est que les ressources sont moindres sur cette vaste étendue d'un territoire où l'alfa est le seul végétal à exploiter. La région civile de l'Oranie offre du reste suffisamment d'espaces propres à la colonisation. La meilleure preuve est dans l'état encore embryonnaire des derniers centres créés. Pourquoi s'étendre démesurément avant d'élever les concessions présentes au degré voulu de richesse et de grandeur?

Une autre considération milite en faveur de notre commandement : celle de la proximité du Maroc sans cesse troublé par des luttes intestines ou livré à des fluctuations politiques sans rivales dans le monde. Ce pays jette un défi à l'Europe avec ses brigands sacrés gouverneurs par le nombre des méfaits qui leur confèrent l'autorité. Le pauvre sultan ne peut que constater son impuissance et tromper son orgueil en nommant son digne vassal un irré-

conciliable ennemi. Les pachas, gens de la carrière, doivent jalouser un avancement aussi scandaleux. Tous les chefs marocains se valent pour la mentalité et la moralité politique. Berner l'Europe est leur principal but et le malheur a souvent voulu que celle-ci se laissât prendre au piège. Peut-être ce dernier commence-t-il à s'user. Le Maroc mourra de sa perfidie, ce sera justice.

Enfin, si l'Algérie n'a pas enfanté le créateur de son indépendance, cela vient du manque d'esprits dirigeants dans la masse des colons et la présence d'éléments disparates dans sa population. Un soulèvement peut éclater dans une colonie soit de la part des indigènes, soit des émigrés du continent, soit de l'armée. Le recrutement de celle-ci nous permet de protéger ceux-là dans leurs rapports d'affaires sans craindre une mutuelle révolte. L'Algérie laborieuse ne songe qu'à revendiquer justement l'honneur d'être notre première possession, la France d'outre-mer, noble et grande comme la réputation des hommes qui l'ont conquise, ardente et généreuse comme la foi de ceux qui veulent lui arracher ses secrets.

Et maintenant, ami lecteur, ton voyage touche à sa fin. Jette un dernier regard sur la terre que tu as parcourue. Dis-toi bien que ce pays neuf réclame encore des activités nouvelles. En descendant au port tu apercevras la grande Bleue sur laquelle tu vas être emporté au gré des vents.

Quand ton pied foulera le pont du navire tu te croiras déjà en France à demi. Bientôt on larguera les amarres et dans quelques heures ton existence ne se révélera plus que par le mince sillage d'un tourbillon d'écume que l'hélice tapageuse paraîtra verser à l'horizon.

Valenciennes, printemps 1907.

BIBLIOTHÈQUE NATIONALE R.F. IMPRIMÉS

TABLE DES MATIÈRES

Paris et Limoges. — Imp. milit. Henri CHARLES-LAVAUZELLE.

www.ingramcontent.com/pod-product-compliance
Ingram Content Group UK Ltd.
Pitfield, Milton Keynes, MK11 3LW, UK
UKHW020158200726
13856UKWH00003B/1061